苜蓿
标准化生产利用
技术手册

○ 阎旭东 编著

U0306398

中国农业科学技术出版社

图书在版编目（CIP）数据

苜蓿标准化生产利用技术手册 / 阎旭东编著. —北京：中国
农业科学技术出版社，2019. 12

ISBN 978-7-5116-4537-1

Ⅰ. ①苜… Ⅱ. ①阎… Ⅲ. 紫花苜蓿—栽培技术—技术手册
Ⅳ. ①S551-62

中国版本图书馆 CIP 数据核字（2019）第 278753 号

责任编辑 陶　莲
责任校对 李向荣

出　版　者 中国农业科学技术出版社
　　　　　　北京市中关村南大街12号　　邮编：100081
电　　　话 （010）82109705（编辑室）　（010）82109704（发行部）
　　　　　　（010）82109709（读者服务部）
传　　　真 （010）82106625
网　　　址 http: // www.castp.cn
经　销　者 各地新华书店
印　刷　者 北京建宏印刷有限公司
开　　　本 850mm×1 168mm　1/32
印　　　张 1.625
字　　　数 39千字
版　　　次 2019年12月第1版　2019年12月第1次印刷
定　　　价 28.00元

《苜蓿标准化生产利用技术手册》
编著者名单

主　编　著：阎旭东（沧州市农林科学院）

副主编著：王丽宏（河北农业大学）　　　　郭郁频（河北北方学院）

编著人员：阎旭东（沧州市农林科学院）　　徐玉鹏（沧州市农林科学院）

　　　　　王丽宏（河北农业大学）　　　　李　源（河北省农林科学院）

　　　　　刘桂霞（河北大学）　　　　　　郭郁频（河北北方学院）

　　　　　王连杰（沧州市畜牧技术推广站）张　玲（河北农业大学）

　　　　　刘青松（沧州市农林科学院）　　刘廷辉（河北农业大学）

　　　　　李会彬（河北农业大学）　　　　肖　宇（沧州市农林科学院）

　　　　　赵海明（河北省农林科学院）　　游永亮（河北省农林科学院）

　　　　　武瑞鑫（河北省农林科学院）　　于清军（承德市草原站）

　　　　　董李学（唐山市食品药品综合　　葛　剑（河北北方学院）
　　　　　　　　　检验检测中心）

　　　　　吴春会（河北农业大学）　　　　王明亚（河北农业大学）

　　　　　刘玉华（御道口牧场管理区）　　赵海涛（唐山市食品药品综合
　　　　　　　　　　　　　　　　　　　　　　　　检验检测中心）

　　　　　任永霞（河北北方学院）

作 者 简 介

阎旭东，沧州市农林科学院研究员。河北省现代农业产业技术体系草业创新团队栽培与信息化管理技术岗位专家，河北省首批农业创新驿站（草业）首席专家。多年来从事牧草栽培、旱作种植等研究工作。先后获得河北省科技进步二、三等奖三项，农业部全国农牧渔业丰收二等奖一项，河北省农业技术推广三等奖一项。主编《农区人工种草及利用技术》《草地整备与生产利用》等著作5部。获国家发明专利授权2项，制定河北省地方标准6项。研发的《苜蓿平衡施肥技术》《春播青贮玉米起垄覆膜侧播种植技术》等入选河北省主推种植技术。

内 容 简 介

　　苜蓿被誉为牧草之王，具有品质优、产量高、适口性好、土壤改良能力强、适应性广的特点，对畜牧业健康发展有着非常重要的影响。苜蓿的生产是一环扣一环的系统工程，为了更好地促进苜蓿产业健康发展，河北省现代农业产业技术体系草业创新团队结合多年从事苜蓿科学研究和大田实践经验，同时吸收借鉴国内外最新研究成果编著了此手册。手册主要从苜蓿品种选择、高产高效栽培、田间管理、病虫草害防控、收获与加工利用等环节进行了系统介绍，每一方面均包含了苜蓿生产过程中的关键性细节、注意事项和需要避免的问题，可供从事苜蓿生产与经营管理人员参考使用。

目　录

1 技术标准简介

苜蓿作为优质饲草作物，栽培历史长，抗逆性强，适应范围广，潜在产量高；营养品质好，粗蛋白质含量20%以上，叶蛋白质60%，被誉为牧草之王。随着我国农业供给侧结构性改革、粮改饲等一系列国家政策的调整与实施，苜蓿种植面积不断加大，这对河北省苜蓿标准化生产种植与利用技术提出了更高要求。本技术手册通过对现有紫花苜蓿生产地方标准、行业标准及最新技术进行归纳整理，就苜蓿生产的环境条件、播种、田间管理、病虫害防治、收割及加工利用技术进一步规范集成，以期为河北省苜蓿产业的提质增效提供技术指导。

规范性引用文件：

GB 4285　农药安全使用标准；

GB 6141—2008　豆科草种子质量分级；

GB/T 8321　（所有部分）农药合理使用准则；

GB/T 2930.1-2930.11—2001　牧草种子检验规程；

GB 5084　农田灌溉水标准；

GB 15618　土壤环境质量标准；

NY/T 496—2010　肥料合理使用准则　通则；

NY/T 2701—2015　人工草地杂草防除技术规范　紫花苜蓿；

NY/T 2697—2015　饲草青贮技术规程　紫花苜蓿；

NY/T 991—2006　牧草收获机械作业质量标准；

NY/T 2461—2013　牧草机械化收获作业技术规范；

NY/T 2699—2015　牧草机械收获技术规程　苜蓿干草；

DB 23/T1563—2014　紫花苜蓿施肥技术规程；

DB 51/T687—2007　紫花苜蓿草粉加工技术规程；

DB 1309/T41—2017　无公害苜蓿栽培技术规程；

DB 13/T945—2008　紫花苜蓿生产技术规程；

T/CAAA 001—2018　苜蓿　干草质量分级；

T/CAAA 003—2018　青贮和半干青贮饲料　紫花苜蓿；

NY/T 1170—2006　苜蓿干草捆质量行业标准。

2 种植条件

2.1 气候条件

　　苜蓿种植地区要求年平均气温5℃以上，10℃以上的年积温超过1 700℃，年平均日照时数3 000h以上，无霜期150d以上，降水量400mm以上最为适宜。河北省各地均可种植，但适宜地区位于燕山及其以南地带。

2.2 土壤条件

　　苜蓿适应性强，对土壤条件要求较低，但在土壤条件较好的情况下产量和品质等表现较好。

2.2.1 适宜的土壤条件

　　地势高、土层深厚、土壤松散，通气透水，保水保肥，平坦、排水良好、中性或微碱性土壤，pH值7.0～8.0，地下水位在1.5m以下。苜蓿属深根性作物，有很长的直根，土层厚有利于扎根。

2.2.2 不适宜的土壤条件

　　苜蓿耐涝性差，因此不宜种植在低洼及易积水的地块。若需在低洼及易积水地块种植，周边要留排水沟渠，保证大雨时排水通畅。苜蓿具有一定的耐盐性，但土壤盐分不宜超过0.3%。酸性土壤不宜种植苜蓿。由于苜蓿种子小，幼苗生长缓慢，苜蓿在生长初期和杂草竞争处于劣势，不适宜种植在杂草较多的地块上。

3 栽培管理要点

3.1 轮作安排

合理轮作是防控病虫草害及避免苜蓿自毒作用的重要举措，因此要与玉米、小麦等禾本科作物合理轮作，严禁重茬种植。

3.2 播前整地

播前整地是保证苜蓿种植成功和播种质量的重要环节。整地质量的好坏，直接影响出苗率和整齐度。种植地块应做深松处理，并用激光平地仪进行土地平整作业。

整地应达到以下标准：地表平整，土壤松碎，地头整齐，耕深20cm以上，不重耕、不漏耕。

3.3 播种技术

3.3.1 品种选择

因地制宜选用抗旱、耐盐碱、抗寒、抗病虫、优质高产的品种。苜蓿品种的选择首先确定适宜的秋眠级数，坝上地区应选择秋眠级1～2级的品种，坝下及平原地区可选择秋眠级3～5级的品种。其次，不同生态区苜蓿品种的选择还要着重考虑高产、优质和抗逆性状。据多年研究及相关文献得出，在河北省张承坝上地区，可选择阿尔冈金、敖汉等苜蓿品种；坝下及接坝地区可选择中苜1号、草原3号、金皇后等；在河北省中南部地区，以中苜1

号等中苜系列品种适应性、综合性状更好；在沧州盐碱地，应选择耐盐性强的品种，如中苜1号、中苜3号等。进口苜蓿品种需经过3年以上引种鉴定，表现优良者方能大面积种植。

种子质量要符合国家质量标准。推荐使用带包衣种子，并进行根瘤菌接种。接种根瘤菌后要避免阳光直射。

3.3.2 播种机械选择

采用牧草专用播种机，保证下种均匀，播深一致，覆土、镇压良好。播种作业要求到边到头，不重不漏。作业速度不能超过10km/h。当前国外播种机械整体优于国内机械，有条件的可优先考虑国外机械，如CLAAS、John Deer等。

3.3.3 播种方式与播量

条播：行距15~20cm，一般直立型苜蓿品种行距15cm为宜，匍匐型苜蓿品种行距20cm左右。利用苜蓿条播机进行播种。条播是目前河北省主流播种方式（图3-1）。

图3-1 苜蓿条播机械（徐玉鹏 摄）

撒播：将种子均匀撒在地表，用耙耙一遍浅覆土。撒播方式一般在山区或小面积、不规则地块较为常见。

播量：条播一般1.5kg/亩（1亩≈667m²，15亩=1hm²，全书同），撒播播量比条播要适当加大，一般以2.0kg/亩为宜。播量要控制在适宜的范围内，播种密度过大会造成植株弱小，茎秆细，容易倒伏。

3.3.4 播种时期

苜蓿播种土壤要适墒、适温。适宜苜蓿发芽的土壤温度为10～25℃，土壤水分大约为田间持水量的75%～80%，一般以握在手心能成团，松手落地能散开为宜。河北省气候条件多样，不同地区播种时期差异较大。

坝上地区：安全适宜的播种时间掌握在5月下旬至7月中旬。

坝下地区：播种时间为5月上旬至8月中旬。

冀东平原地区：播种时间为4月下旬至9月上旬。但春季播种土壤干旱情况较为突出，夏季播种土壤杂草较多，以秋季播种最为适宜。

冀中南平原地区：播种时间为4月中旬至9月中下旬，但春夏播种土壤杂草较多，秋季播种最为适宜。特别是沧州东部地区，土地盐碱，经过夏季雨水淋洗，秋季正值土壤盐分最低时期，有利于苜蓿出苗成活。

特殊时期也可在入冬前寄籽播种，随着春季降雨，逐渐发芽生长。建议在有灌溉条件的地块使用，在无灌溉条件的地块，谨慎采用。

3.3.5 播深、覆土和镇压

播种深度一般1.0～1.5cm，沙壤土稍深，黏壤土稍浅，土壤水分充足稍浅，水分不足时稍微深一些。

镇压对苜蓿出苗至关重要，建议使用双镇压措施，即整地后进行第一次镇压，播种后进行第二次镇压，以确保苜蓿出苗率。

3.4 田间管理

3.4.1 杂草防控

河北省苜蓿地的杂草种类繁多，主要有播娘蒿、独行菜、苦荬菜、小蓟、蒲公英、车前、苣荬菜、萹蓄、荠菜、看麦娘、繁缕、飞蓬、小飞蓬、泥胡菜、芦苇、狗尾草、虎尾草、画眉草、马唐、牛筋草、马齿苋、田旋花、打碗花、猪毛蒿、反枝苋、刺儿菜、葎草、铁苋菜、猪毛菜、稗、藜、灰绿藜、苍耳、酸模叶蓼、萎陵菜、地肤、香附子、野燕麦、菟丝子、苘麻、臭蒿等（图3-2）。

田旋花 马齿苋

猪毛蒿 菟丝子

灰绿藜 播娘蒿

图3-2 苜蓿田常见杂草（李会彬、赵海明 摄）

（1）杂草综合防控措施

为清除苜蓿田杂草，必须系统地运用各种技术，从播种到刈割各个环节均需考虑应对措施。首先要保证种子质量符合国家标准，从根源上杜绝杂草种子的混入。在生产环节，可采取以下措施进行综合防控。

播前土壤处理：播种前可浇水诱发杂草萌发生长，待杂草出苗后，进行浅翻耕破坏杂草生长，但翻耕时不可深翻，以免将下层未萌发的杂草种子翻上来，造成杂草种子二次萌发为害。或于土壤表面喷施苗前除草剂进行土壤封闭处理。

播期选择：尽量避免夏季播种，春季播种要尽量提前，秋播可避开杂草旺盛生长期，减轻杂草为害。

刈割：初花期刈割有利于保持苜蓿植株的活力，保持其对杂草的抵抗力。在杂草失控的情况下，可提前刈割除掉杂草生长点，从而抑制杂草生长。

其他措施：早春苜蓿返青前，沿条播方向浅耙1次，灭除浅根系杂草，松土保墒；夏季刈割后，可沿条播方向中耕1次，利用中耕机或除草施肥一体机除草施肥；适时刈割，可抑制杂草顶端生长，并预防杂草种子的产生。

化学防除：目前，苜蓿杂草的防除仍以化学防除为主，依据（NY/T 2701—2015）《人工草地杂草防除技术规范　紫花苜蓿》标准，适合用于苜蓿田杂草防除的除草剂如表3-1所示。

（2）苜蓿田杂草化学防除注意事项

除草剂选择：在选择、施用除草剂时，必须考虑其茎叶残留对畜禽及其产品的安全危害问题，一般从施用到收割要有20d以上的间隔期。购买除草剂时，要认真阅读说明书，确定其药残不会产生苜蓿安全问题。

化学除草剂喷药时间：播种当年，出苗后早期，大部分杂草在3叶期以前或植株高度低于5cm时，在傍晚均匀喷雾。

发生药害后补救措施：苗前除草剂药害，利用中耕松土破坏土表药液封闭层、稀释表土除草剂浓度等。苗后除草剂药害可喷施碧护等药剂进行缓解。

表3-1　紫花苜蓿田常用除草剂种类和施用特点（NY/T 2701—2015）

处理类型	除草剂类型	商品名称	剂型	施用时期	防除种类
土壤处理	土壤处理剂	氟乐宁	48%乳油	苜蓿播种前或返青前，杂草未出苗	单子叶杂草和一年生阔叶杂草
		地乐胺	48%乳油	苜蓿播种前或返青前，杂草未出苗	一年生禾本科及阔叶杂草
茎叶处理	对单子叶杂草有效的除草剂	收乐通、帕罗西汀	12%乳油	苜蓿生长期	单子叶杂草
		烯禾啶	12.5%乳油	苜蓿生长期	单子叶杂草
		精稳杀得	15%乳油	苜蓿生长期	单子叶杂草
		精喹禾灵	5%乳油	苜蓿生长期	单子叶杂草
		高效盖草能	10.8%乳油	苜蓿生长期	单子叶杂草
	对双子叶杂草有效的除草剂	灭草松	48%水剂	苜蓿生长期	双子叶杂草
		阔草清	80%水分散粒剂	苜蓿生长期	一年生、多年生双子叶杂草
	苜蓿专用除草剂	普施特	5%水剂	苜蓿生长期	一年生单子叶杂草和双子叶杂草
		苜蓿净	5%水剂	苜蓿生长期	一年生单子叶杂草和双子叶杂草

3.4.2　病害防控

苜蓿病害的发生、发展与流行取决于寄主苜蓿、病原及环境因素三者之间的相互关系。a. 生长环境：紫花苜蓿喜欢温暖的环境，耐寒冷。生长的最适宜温度是20～25℃，较高的温度会抑制其生长发育，且不适宜的环境会导致病原的发生。b. 病原物：在适合的温度和湿度环境中，病原孢子萌发，侵入寄主体内。环境温度越接近病原物的生长适宜条件，其生长发育速度就越快，潜育期越短，其传播速度越快。c. 苜蓿本身抗病性：抗病性弱的品种，容易感染病原物，导致病害发生。苜蓿一旦发生病害，很难找到有效的措施挽回损失，所以要加强日常栽培管理以预防病害的发生。苜蓿常见的病害有褐斑病、根腐病、炭疽病、霜霉病、白粉病、锈病等。

（1）苜蓿褐斑病

苜蓿褐斑病是苜蓿最常见、破坏性最大的叶部病害之一，随着苜蓿种植面积的不断扩大，苜蓿褐斑病造成的为害也在逐年加剧。

症状：该病主要发生在第一茬、第二茬刈割和秋季再生的时候，以为害叶片为主，也可为害茎秆。当苜蓿染病后，多半先在下部的叶片和茎秆上出现病斑。初期，叶片上表面出现点状浅色褪绿斑，边缘光滑或呈细齿状，直径0.5～3mm，相互独立。后期，病斑逐渐扩大，多呈圆形，直径为0.5～4.0mm，病斑上有褐色的盘状增厚物（子囊盘），病斑上有白色蜡质。感病严重的植株病斑常密布整个叶片，导致叶片变黄，脱落，苜蓿减产，品质下降。茎部病斑为长形，黑褐色，边缘完整（图3-3）。

病原：苜蓿褐斑病病原为苜蓿假盘菌[*Pseudopeziza medicaginis*（Lib.）de Bary]，属子囊菌门假盘菌属。

图3-3 苜蓿褐斑病症状（刘廷辉 摄）

防控措施：

①品种选择：不同苜蓿品种对褐斑病的抗性存在明显的差异，生产中应选择对该病具有良好抗性的品种。

②农业防控：a. 合理灌溉：褐斑病喜高湿土壤和天气，田间保持适度干旱是控制褐斑病发生的重要措施之一。b. 科学施肥：均衡增施磷钾肥可以提高苜蓿对褐斑病的抗病性，降低病害的发病率。c. 合理的种植技术：苜蓿种植应密度适宜，及时收割；用苜蓿和禾本科牧草混播，可有效降低发病率；不能长期在同一块地上种植同一苜蓿品种；刈割时，应先刈割健康草地和新播草地，再刈割年久病多的草地，以减少病害传播的机会。刈割后，应注意对割草机具进行消毒处理。d. 及时清除田间病株残体：苜蓿田中的病残体是下一生长季重要的初侵染源，采取刈割后耙地的方式，或在苜蓿越冬前或返青后清除枯枝落叶。

③化学防控：发病初期可用75%百菌清可湿性粉剂，或50%多菌灵可湿性粉剂，或70%代森锰锌可湿性粉剂，或70%甲基硫菌灵可湿性粉剂，或50%异菌脲可溶粉剂以及20%三唑酮乳油等杀菌剂喷雾。在病害发生严重的季节需多次喷药，每次喷药需间隔7～10d，刮风下雨时不宜喷药，若喷药后下雨，雨后应补喷。不宜在同一地区长期使用同一种杀菌剂，以防产生抗药性，降低病害的防治效果。

（2）苜蓿根腐病

苜蓿根腐病是指可导致苜蓿根系腐烂的一类病害总称，也是苜蓿种植过程中最复杂的一类病害，成为苜蓿生产最主要的限制因素。

苜蓿根腐病为土传病害，病原菌可长期存活于土壤中。各种不利于植株生长的因素，如地上病虫害、频繁刈割、干旱、缺肥、土壤pH值偏低等均可加速该病害的发展，造成较大为害。

症状：最典型症状为根系各组织的变色和腐烂。发生根腐病的植株可能伴随着分枝减少、叶色变浅、植株矮小、萎蔫、死亡等地上症状。苜蓿返青时即表现症状，比健康植株返青延迟15d左右，分枝数明显减少，植株稀疏、生长缓慢。主根或侧根表皮呈黄褐色或褐色，病部表皮腐烂，有的根毛脱落，有时病部生粉白色或粉红色霉层。地上部叶片发黄，边缘出现不规则枯黄褐色病斑，严重时个别枝条萎蔫，甚至全株枯死，病株易连根从土中拔出（图3-4）。

病原：苜蓿根腐病的病原生物有28属百余种，我国的苜蓿根腐病病原主要为菌物界中的镰孢属、丝核菌属等几个真菌以及动物界中2个属的线虫。

图3-4　苜蓿根腐病病根及地上部叶片症状（刘廷辉　摄）

防控措施：

①品种选择：因地制宜选用抗（耐）根腐病苜蓿品种。

②加强田间管理：a. 适当刈割：不要过度刈割和过早刈割，一年至少有一茬推迟到初花期刈割，以免根系营养贮存不足；大雨过后不能立即刈割，否则会导致严重感染。另外不要在临近霜降前刈割。b. 合理施肥：在发生病害区域，增加施肥量以保持土壤肥力，促进感病区以外苜蓿侧根的发育。c. 防治食叶型害虫：食叶型害虫会降低植株抗性，使植株更易感染根腐病。d. 通过耕作措施提高土壤表层及地表下土壤的排水能力，降低病害感染率。

③生物防控：枯草芽孢杆菌（ *Bacillus subtilis* subsp. *spizizenii* ）能有效抑制苜蓿根腐病菌，同时还具有促进苜蓿生长的作用。

④化学防控：播种前对苜蓿种子进行杀菌处理是最主要的防治方式。在栽种苜蓿前，用50%多菌灵可湿性粉剂500倍液或50%甲基托布津1 000倍液浸种1h。发病初期用50%多菌灵或甲基硫菌灵（70%甲基托布津可湿性粉剂）500～800倍液，或80%代森锰锌络合物可湿性粉剂800倍液，或30%恶霉灵+25%咪鲜胺按1∶1复配1 000倍液灌根，7d喷灌1次，喷灌3次以上。

（3）苜蓿炭疽病

苜蓿炭疽病容易在湿热条件下发生。感染后病菌可迅速蔓延，25℃最利于病菌菌丝的生长，15～35℃范围内均能产孢，30℃为病菌的产孢最适温度；病菌分生孢子在植物病残体上能够越冬。高温高湿有利于病菌的侵入。

症状：感病的枝条会出现较大的卵圆形或菱形病斑，面积较大的病斑呈稻草黄色，边缘褐色。病斑面积可逐步扩大，最后相连环茎一周，导致植株的1个或多个枝条枯死。感病的枝条可能迅速枯萎，看起来就像老年人的拐杖。死亡的枯枝散落在地里，颜色呈稻草黄色至珍珠白色。多数苜蓿品种对炭疽病均有很好抗性。

病原：苜蓿炭疽病病原为黑盘孢目Melanconiales黑盘孢科Melanconiaceae炭疽菌属*Colletotrichum*真菌。

防控措施：

①品种选择：选用抗（耐）炭疽病苜蓿品种。

②加强田间管理：a. 利用健康无病种子建植苜蓿草地。b. 及时清除刈割机具上的残留感病苜蓿残体，以减少传播。c. 及时清除田间病残组织，减少翌年春季病害的初侵染源，减轻发病。d. 及时刈割，过晚刈割会使下茬发病加重，刈割时尽可能降低留茬高度，减少田间菌源。e. 合理排灌，及时排涝，防止田间积水或过湿，改善草层通风透光条件，勿使草层中空气相对湿度过高。

③化学防治：可选用65%代森锌可湿性粉剂500～700倍液，或50%多菌灵可湿性粉剂400～600倍液，或50%敌菌灵可湿性粉剂500～600倍液，或75%百菌清可湿性粉剂400～600倍液等喷雾防治。

（4）苜蓿霜霉病

苜蓿霜霉病菌以菌丝体在病株的地下器官或以卵孢子在病株体内越冬。多发生于温暖潮湿、雨、雾、露的条件下，一年中春秋的冷凉季节为发病高峰期。

症状：苜蓿霜霉病多表现为局部症状，叶片正面出现褪绿斑，形状不规则，无明显边缘，病斑扩大融合，至整个小叶呈黄绿色，叶缘多向下卷曲，叶背出现灰色或淡紫褐色的霉层。此病也可发生系统侵染，病株茎秆扭曲，变粗，节间缩短，全株褪绿。重病株大量落花、落荚；严重时整个枝条枯死。

病原：霜霉病病原为苜蓿菌霜霉（*Peronospora aestivalis* Syd.）。

防控措施：

①品种选择：选用抗（耐）霜霉病苜蓿品种。

②加强田间管理：头茬应尽早刈割利用，春季苜蓿返青后及时拔除发病病株。合理排灌，防止田间湿度过高。

③化学防控：用25%甲霜灵可湿性粉剂按照种子重量的0.2%～0.3%、50%多菌灵可湿性粉剂按照种子重量的0.4%～0.5%拌种防效较好。发病初期或发病中期喷施25%甲霜灵可湿性粉剂或40%三乙膦酸铝可湿性粉剂可达到较好防治效果。

（5）苜蓿白粉病

苜蓿白粉病呈现逐年加重的趋势，给苜蓿生产尤其是种子生产带来严重威胁。感病苜蓿品质低劣，适口性下降，种子活力降低，家畜采食后，能引起不同程度的毒性为害。病菌以闭囊壳在病株残体上越冬，或以休眠菌丝越冬。草层稠密、遮阴、刈割利用不及时、苜蓿利用年限较长，均造成该病发生严重。过量施用氮肥易加重病情，磷、钾肥比例合理使用有助于提高植株抗病性。

症状：苜蓿白粉病主要发生在苜蓿叶片正反面，也可侵染茎、叶柄及荚果。发病初期叶片上为小圆形病斑，病斑上有一层丝状白色霉层，后病斑逐渐扩大，相互汇合，最后覆盖整个叶片。后期白粉呈灰白色，霉层中产生无数黑色小颗粒，为闭囊壳。严重时引起早期落叶，产量受损（图3-5）。

图3-5　苜蓿白粉病（刘廷辉　摄）

病原：苜蓿白粉病病原为鞑靼内丝白粉菌（*Leveillula taurica* G.Arnaud）、豌豆白粉菌（*Erysiphe pisi* DC.）和蓼白粉菌（*Erysiphe polygoni* DC.）。

防控措施：

①品种选择：选用抗（耐）白粉病苜蓿品种。

②适时刈割：可有效减少白粉病蔓延与扩散。

③合理施肥：合理施用复合肥，可有效减轻白粉病发病。

④牧草混播：选择适宜的牧草种类按合理比例进行混播，可减轻白粉病发病。

⑤化学防治：可选用70%甲基硫菌灵可湿性粉剂1 500倍液，或15%三唑酮可湿性粉剂800倍液，或40%灭菌丹可湿性粉剂700~1 000倍液，或高脂膜200倍液等药剂进行防治，一般每10d喷雾一次，连续喷施3次。发病初期或前期采用药剂防治比后期防效好。

（6）苜蓿锈病

苜蓿锈病是苜蓿重要的茎叶病害之一。病菌以菌丝体在大戟属植物地下部分越冬，也可以冬孢子或休眠菌丝在感病的苜蓿残体上越冬。该病多于春末夏初发生，仲夏之后进入盛期。在灌溉频繁或降水多、结雾、有露，植物表面经常有液态水膜，气温在15~25℃条件时发病较重。草层稠密、倒伏、刈割过迟及施肥过量等均可使此病加重为害。

症状：叶片、叶柄、茎秆及荚果均可被侵染，以叶片受害最重，叶片两面（主要在背面）以及叶柄、茎等部位受病菌侵染后，初现小的褪绿斑，随后隆起呈疱状、圆形、灰绿色，最后表皮破裂露出棕红色或铁锈色粉末（夏孢子堆或冬孢子堆），叶片皱缩并提前脱落。夏孢子堆肉桂色，冬孢子堆黑褐色。孢子堆的直径多数小于1mm。

病原：紫花苜蓿锈病病原为条纹单孢锈菌（*Uromyces striatus*

J. Schroet.）、条纹单孢锈菌苜蓿变种［*U. striatus* var. *medicaginis*（Pass.）Arth.］。

防控措施：

①品种选择：锈菌是严格寄生菌，对寄主有高度专化性，故利用抗病品种防治此病是最有效的方法。

②栽培管理措施：a. 适时早刈割。b. 铲除苜蓿附近的大戟属植物，以切断该病的侵染循环。c. 合理灌溉，增施磷、钾肥，提高苜蓿抗病性。

③化学防治：可用代森锰锌、萎锈灵、氧化萎锈灵、三唑酮、福美双、戊唑醇、氟硅唑、代森锌、百菌清、甲基硫菌灵、烯唑醇等喷雾防治，喷雾浓度及间隔期根据药剂种类和病情而定。不宜在同一田块长期使用同一种杀菌剂，以防产生抗药性，降低病害的防治效果。

3.4.3 虫害防控

苜蓿常见害虫主要有棉铃虫、蓟马、苜蓿蚜虫、盲蝽、菜青虫、潜叶蝇、斜纹夜蛾等，地下害虫有金针虫、小地老虎和金龟子等。

（1）棉铃虫

棉铃虫属鳞翅目夜蛾科。在华北地区1年发生4代，以蛹在土中越冬。成虫昼伏夜出，对黑光灯趋性强，萎蔫的杨树枝条对成虫有诱集作用，卵散产在寄主嫩叶、花蕾上。幼虫共6龄，取食嫩叶、蛀食花蕾。幼虫老熟后入土，于3~9cm处化蛹。该虫喜温喜湿，湿度对其影响更为明显，月降水量高于100mm，相对湿度70%以上为害严重。

成虫（图3-6a）：体长15~17mm，翅展27~38mm，灰褐色。雌蛾前翅赤褐色至灰褐色，雄蛾多为灰绿色或青灰色。前翅具褐色环状纹及肾状纹，在外横线和亚外缘线间有1条宽的青灰色横带，并斜向肾状纹下方后缘，翅的外缘有7个小黑点；后翅灰白色或淡褐色，沿外缘线有灰褐色宽带，前缘有1个月牙形褐色斑。

卵：半球形或馒头形，高0.52mm，宽0.46mm。初产乳白色，后变黄色。

幼虫（图3-6b、图3-6c）：一般6龄，有时5龄。老熟幼虫体长30～40mm。头黄褐色。体色变化较大，有绿色、淡绿色、黄白色、淡红色等。体表满布褐色或灰色刚毛。前胸气门前两根刚毛的连线通过气门或与气门下缘相切，气门线为白色。腹部第1、第2、第5节各有特别明显的2个毛突。

蛹：长17～20mm，红褐色，腹部第5～7节的背面和腹面有7～8排半圆形刻点，臀棘钩刺2根。

为害特征：以幼虫为害苜蓿的嫩叶，造成叶片缺刻，严重时将整片叶片吃光。也可钻蛀花蕾，使之不能开花结籽。

防控方法：

①农业防治：a. 结合冬灌，压低虫源。b. 种植玉米诱集带，集中灭杀，减少虫源。c. 在其产卵盛期，结合根外追肥，喷洒1%～2%过磷酸钙浸出液，可减少落卵量。

a b c

图3-6 棉铃虫（刘廷辉 摄）

②物理防治：a. 杨树枝把诱集：成虫羽化时在田间摆放杨枝把诱蛾，每把10枝，每枝直径1~2cm，6~10把/亩，日出前捉蛾，把已产卵的杨树枝集中销毁。b. 灯光诱集：用黑光灯、高压汞灯、频振式杀虫灯进行诱蛾，诱集半径80~160m。

③生物防治：a. 释放赤眼蜂：在棉铃虫产卵始、盛期连续放蜂2~3次。b. 利用苏云金秆菌防治：16 000IU/mg苏云金秆菌可湿性粉剂每亩100~150g。c. 利用核多角体病毒防治。d. 性信息素诱集，利用性诱剂诱杀雄蛾，性诱捕器设置的诱集半径约30m。

④化学防治：在棉铃虫卵期和初孵幼虫高峰期可喷施对棉铃虫防效较高药剂，如25%杀虫脒乳油每亩200mL，或2.5%溴氰菊酯乳油每亩25~30mL，或50%辛硫磷乳油每亩100mL，或1.8%阿维菌素乳油500~750倍液，或4.5%高效氯氟氰菊酯乳油1 000~1 500倍液，0.5%甲氨基阿维菌素苯甲酸盐微乳剂1 000~1 500倍液，15%茚虫威悬浮剂每亩0.5~1mL，10%虫螨腈悬浮剂每亩2~2.5mL，20%氯虫苯甲酰胺悬浮剂每亩0.5~1mL，25%多杀菌素悬浮剂每亩5~7mL等喷雾防治。注意交替用药，施药后遇雨要及时补喷。

（2）苜蓿蓟马

蓟马在华北地区1年发生6~10代，以伪蛹或成虫在土中或枯枝落叶层越冬。由于第一代成虫及若虫数量较少，5月苜蓿受害较轻，6月初蓟马发生量迅速增大，7月中旬至8月中下旬为害达到高峰。温暖干旱季节有利于牛角花齿蓟马大发生，高温多雨对其发生不利，雨水的机械冲刷和浸泡对蓟马有较大的杀伤作用。

为害苜蓿较为严重的蓟马有牛角花齿蓟马〔*Odontothrips loti*（Haliday）〕、花蓟马（*Frankliniella intonsa* Trybom）、烟蓟马（*Trips tabaci* Lindeman）3种。蓟马虫体微小，体长约1.6mm，体黄棕或黑棕色（图3-7）。

为害特征：牛角花齿蓟马对花器和叶片都可造成严重为害，尤其是对第二茬、第三茬苜蓿构成严重威胁。花蓟马为害叶片后，在嫩茎新叶上常出现银灰色条斑，严重时枯焦萎缩，或叶基部呈银灰色，引起落叶，影响长势。烟蓟马成虫多在寄主上部嫩叶背面活动、取食和产卵，若虫多在叶脉两侧取食，造成银灰色斑纹。

图3-7　蓟马及为害状（刘廷辉　摄）

防控方法：

①农业防治：a.选用抗虫品种。b.苜蓿刈割后，及时清除田间、沟边枯枝残叶，减少越冬虫口基数。c.早春清除田间杂草和枯枝残叶，集中烧毁或深埋，减少越冬虫源。d.加强田间管理，牛角花齿蓟马在干旱少雨的条件下发生严重，有喷灌条件的地方，可通过喷水击落蓟马，从而降低种群密度及后代发生数量。

②生物防治：a.天敌防治：释放捕食性天敌胡瓜钝绥螨和东亚小花蝽。b.生物制剂防治：选用0.3%印楝素乳油、2.5%烟碱·楝素乳油、10%柠檬草乳油、11%苏灭可湿性粉剂、0.1%斑蝥素水剂、苦参碱等生物制剂喷雾防治。昆虫病原线虫也可寄生蓟马，达到防治效果。此外，目前采用昆虫致病菌绿僵菌和白僵菌可防治苜蓿蓟马，利用印楝素能使成虫寿命缩短，影响繁殖，达到治虫的目的。在花期和天敌种群数量大时，应用生物药剂斑蝥素生物碱或苦参碱对蓟马进行防治，以保护传粉昆虫和天敌。

③物理防治：牛角花齿蓟马对颜色有选择性，黄色对成虫的诱集能力最强，可用黄色粘虫板对其进行诱杀。

④化学防治：当苜蓿株高低于5cm、蓟马数量达到100头/百枝条，株高低于25cm、达到200头/百枝条，株高大于25cm、达到560头/百枝条，需喷施化学药剂防治。可选用药剂：选用50%辛硫磷乳油1 500倍液，或4.5%高效氯氰菊酯乳油1 000倍液，或2.5%溴氰菊酯乳油2 000倍液，或10%吡虫啉可湿性粉剂1 500倍液，或25%噻虫嗪水分散粒剂3 000倍液等喷施作为应急防治措施交替使用，防止长期单一使用同一种药剂，以免害虫产生抗药性。

（3）苜蓿蚜虫

苜蓿蚜虫属常发性害虫，对苜蓿生长早中期为害较大，严重发生时造成苜蓿产量损失达50%以上。排泄的蜜露引起叶片发霉，影响苜蓿的质量，导致植株萎蔫、矮缩和霉污病以及幼苗死亡。通常以雌蚜或卵在苜蓿根冠部越冬，在整个苜蓿生育期蚜虫发生20余代。春季苜蓿返青时成蚜开始出现，随着气温升高，虫口数量增加很快，每个雌蚜可产生50~100个胎生若蚜，虫口数量同降水量关系密切，5—6月如降雨少，蚜量则迅速上升，对第一茬和第二茬苜蓿造成严重为害。

主要有苜蓿蚜（豆蚜）、苜蓿斑蚜、豆无网长管蚜（豌豆蚜）和苜蓿无网蚜等。

苜蓿蚜成虫体长1.8~2.0mm，黑色或黑紫色，一般在苜蓿枝条上部聚集为害，有时也在苜蓿荚果上群集取食。

苜蓿斑蚜体淡黄色，个体较小，只有豆无网长管蚜和苜蓿无网蚜的1/3~1/2，背部有6~8排黑色小点，常在植株下部叶片背部为害。

豆无网长管蚜和苜蓿无网蚜个体较大，长度在2~4mm，一对腹管明显可见，二者经常在田间同时发生，豆无网长管蚜喜欢在茎上和顶部嫩叶上取食，是苜蓿花叶病毒的重要传播者（图3-8）。

为害特征：苜蓿蚜虫一年发生数代，以卵在苜蓿或其他豆科植物根颈处越冬。为害的高峰期在春秋两季。幼虫和成虫都可为害，用细长的口针刺入茎和叶内，吸取汁液。导致叶片失水，变黄卷曲、新梢枯死，并且蚜虫分泌的蜜露霉变使苜蓿品质下降，重发地块苜蓿家畜拒食或失去加工价值。为害后，叶子变黄、植株萎蔫、严重时枯死。此外，苜蓿蚜虫还可传播多种病毒病，影响产量。

图3-8　苜蓿蚜虫及为害状（刘廷辉　摄）

防控方法：

①农业防治：选用抗蚜品种；在虫害未蔓延时尽快刈割；适当增施磷、钾肥，提高植株抗性；清除田间的病株残体和杂草，控制翌年的初侵染源；加强田间检查、虫情预测预报。

②物理防治：a. 黄板诱杀：有翅蚜发生初期，可采用出售的商品黄板，每亩30～40块。b. 机械刈割：根据苜蓿病虫发生特点和规律，适当调整刈割时间，可以有效降低苜蓿病虫害的发生蔓延，减少病虫害的抗药性，降低防治的成本。

③生物防治：前期蚜量少时保护利用瓢虫、草蛉等天敌昆虫，进行自然控制。无翅蚜发生初期，用0.3%苦参碱乳剂800～

1 000倍液，或天然除虫菊素2 000倍液等植物源杀虫剂喷雾防治。

④化学防治：用10%吡虫啉可湿性粉剂1 000倍液，或3%啶虫脒乳油1 500倍液，或2.5%联苯菊酯乳油3 000倍液，4.5%高效氯氰菊酯乳油1 500倍，或50%抗蚜威可湿性粉剂2 000～3 000倍液，或50%吡蚜酮可湿性粉剂2 000倍液，或25%噻虫嗪水分散粒剂5 000倍液，或50%烯啶虫胺4 000倍液或其他有效药剂，交替喷雾防治。

（4）苜蓿地下害虫

苜蓿地下害虫主要有金针虫、小地老虎和金龟子幼虫（蛴螬）（图3-9～图3-11）。金针虫长期生活于土壤中，取食种子，为害苜蓿地下根系，引起植株的枯死，该虫一般三年完成一代；小地老虎，一年3～4代，属多食性害虫，幼虫咬食种芽，啃食叶肉，切断根颈，并造成整株死亡；金龟子，两年完成一代，越冬幼虫5月中下旬上升到土表为害苜蓿根颈，造成苜蓿枯黄死亡。

防控方法：

①农业防治：a. 清洁田园：及时铲除田间杂草。b. 合理使用肥料：如施足腐熟的有机肥，增施钙、镁肥，促进苜蓿健壮生长，提高抗虫能力。忌用未腐熟的农家肥。c. 合理轮作：前茬以玉米、谷子等禾本科作物较为适宜。d. 秋末大水冬灌可有效压低虫口数量。

②物理防治：a. 利用成虫的趋光性，在成虫发生期，用黑光灯或频振式诱虫灯诱杀成虫。b. 利用成虫的假死习性，人工早晚振落捕杀成虫，以压低虫口数量。

③生物防治：有效利用地下害虫的各种捕食性天敌、寄生性天敌和病原微生物（如白僵菌和绿僵菌）等。

④化学防治：a. 土壤处理：在蛴螬等地下害虫孵化盛期和

低龄幼虫期用毒杀蜱、辛硫磷等进行土壤处理，开沟穴施或喷淋灌根。在虫情严重时结合播前耕地，可用3%辛硫磷颗粒剂3～4kg，混细沙土10kg制成药土，在播种时撒施，撒后浇水。b. 播种时施药：可用辛硫磷乳剂按药种比1：50拌种或50%辛硫磷按药种比1：（50～75）拌种，保护种子和幼苗，此种方法若在夏季进行，气温高，堆闷时间不可太长，以防止种子发热影响发芽；或用2%麦莎颗粒剂（主要成分是2%阿维菌素），播种时撒施，可有效防止蛴螬对苜蓿的为害，还对小地老虎、地蛆、金针虫及金龟甲成虫等地下害虫有很好的防效。c. 苗期用药：用吡虫啉，辛硫磷乳油在苜蓿开花前灌根或播种前撒毒土，效果显著。灌根药液可直接作用于蛴螬幼虫等害虫，起到触杀或胃毒作用，持效期40～50d。

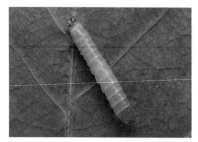

图3-9　金针虫

图3-10　小地老虎

图3-11　蛴螬

（刘廷辉　摄）

3.4.4 灌溉与排水

苜蓿是深根植物，根系发达，主根入土深达2~4m，能吸收土壤中的深层水分，属于抗旱作物，但苜蓿又是一种需要水分较多的植物，对水分具有很强的敏感性。需水量是否得到满足直接表现产量的显著差异。

在有灌溉条件的地区，可每年灌溉2~3次，冬前灌溉最为重要，特别是坝上等高寒地区，对苜蓿安全越冬意义重大。在无灌溉条件的雨养旱作区，可结合旱作种植技术，如播前深松深翻等措施，通过提高土壤蓄水能力保证苜蓿产量。

在低洼地或易涝地区，要注意排水设施的完善配套，防患于未然，如遇大雨积水，及时排水。

3.4.5 苜蓿平衡施肥

冀东及冀中南地区的苜蓿每年可以刈割4~5茬，传统的苜蓿种植基本无施肥措施，很容易导致苜蓿后期脱肥，出现产量低，生长慢等现象。推荐使用苜蓿平衡施肥技术，从第二年起，在第一茬和第四茬苜蓿收获后进行追肥。有灌溉条件的地区随灌溉追肥，实现水肥一体；无灌溉条件的地区趁雨撒施。不同地区的施肥量最好通过测土配方确定。针对不同肥力地块施肥试验结果，推荐一般中等偏上肥力地块施肥量为：N 0~0.6kg/亩、P_2O_5 4~6kg/亩、K_2O 12kg/亩；对缺氮富磷地块施肥量为：N 0.3~0.6kg/亩、P_2O_5 2~4kg/亩、K_2O 12kg/亩。注意钾肥的施用一定要充足。

肥料的使用要符合NY/T 496—2010《肥料合理使用准则 通则》的规定。

3.4.6 老苜蓿地块的切根复壮

随着苜蓿生长年份的延长，往往出现生长衰退、死苗缺苗的现象。推荐对生长3~4年的苜蓿地在第一茬收割后，结合施肥除草进行耙地，疏松土壤，切断部分苜蓿老侧根，延长苜蓿的生产能力。对4年以上的苜蓿则使用苜蓿切根机，沿垄间松土切根，切根机比耙地深度大，切断的侧根多，可以有效刺激侧根的再生，对恢复苜蓿的生长效果显著（图3-12）。

图3-12　苜蓿切根机（徐玉鹏　摄）

3.5　苜蓿刈割

不同地区苜蓿刈割次数不同。确定苜蓿刈割时期应遵循两个原则：一是刈割时苜蓿的生物量和品质，一般在现蕾期或初花期最佳（表3-2）；二是刈割后苜蓿的再生性，主要考虑对下茬生长的影响及安全越冬。

表3-2　苜蓿不同生长时期的营养成分变化

生育时期 成分	现蕾期	初花期 （10%开花）	开花期 （50%开花）	盛花期 （80%开花）
粗蛋白（%）	21.00	19.00	16.00	14.00
ADF（%）	30.00	33.00	38.00	46.00
NDF（%）	41.00	42.00	53.00	60.00
消化率（%）	63.00	62.00	55.00	53.00
TDN（%）	63.00	59.00	55.00	51.00
维持净能 （MJ/kg干物质）	4.73	5.61	5.07	4.90

（续表）

生育时期 成分	现蕾期	初花期 （10%开花）	开花期 （50%开花）	盛花期 （80%开花）
增重净能 （MJ/kg干物质）	3.06	2.60	2.30	1.93
泌乳净能 （MJ/kg干物质）	6.45	5.90	5.23	4.81

（引自杨茁萌，2010）

适宜的刈割时期为现蕾期至初花期，最晚刈割时间为现花蕾植株不超50%，现花植株不超过10%（图3-13）。

图3-13　适宜的刈割时期（郭郁频　摄）

苜蓿全年刈割次数因地而异，主要根据各地下霜时间而定，最后一茬要在霜前30d完成。

采用机械收割时，前几茬留茬高度掌握在7cm左右，最后一茬留茬10cm左右，确保安全越冬（图3-14）。

坝上高寒地区全年安全刈割次数一般2茬。第一茬在6月底7月初，第二茬在8月上中旬。局部地区或气候适宜的年份可以在苜蓿未到现蕾前再收割一次。

坝下地区一般每年自5月底开始至8月底可收割3茬。

冀东平原区一般全年刈割4茬，第一茬5月中旬，第二茬6月中下旬，第三茬7月底至8月上旬，第四茬9月上中旬。这样可以保障苜蓿产量、品质和利用年限达到较好状态。

冀中南苜蓿种植区一般全年刈割次数掌握在5次左右。

苜蓿的最后一次刈割时间和留茬高度对苜蓿越冬和持续性利用非常重要，特别是坝上地区，全年无霜期短，冬季气温低，对苜蓿的越冬影响大，如果最后刈割晚，根系贮存养分不足会造成苜蓿发生冻害甚至死亡。

图3-14　留茬高度（郭郁频　摄）

4　加工利用

4.1　苜蓿加工利用方式

苜蓿是高品质粗饲料，其加工利用方式主要有干草调制、青贮制作、放牧及鲜草饲喂等4种，最常见的加工利用方式是干草调制和青贮调制2种，青贮调制又分为裹包青贮、袋贮及窖贮等不同类型。

4.2　苜蓿干草加工技术

优质的苜蓿干草含水量应在14%~17%，具有较深的绿色，保留大量叶、嫩枝和花蕾，并具有特殊的芳香气味。

4.2.1　干草调制程序及设备

干草调制的基本流程如图4-1所示。

图4-1　干草调制的基本流程

如果要长途运输，还需要二次加压打捆。目前，干草加工已完全实现全程机械化配套，特别提醒的是一定要使用带有压扁功能的割草机（图4-2），它可使苜蓿干燥时间缩短1/3~1/2，能够保证茎叶同期干燥，植株完整，最大限度减少叶片脱落率，提高产品质量，因为叶片中粗蛋白含量最高（表4-1）。

图4-2　苜蓿压扁收割（郭郁频　摄）

表4-1　苜蓿不同部位的营养成分

成分	主茎	侧茎	叶	花
粗蛋白（%）	10.8	14.6	22.7	32.4
粗纤维（%）	52.0	34.6	15.5	16.5
粗脂肪（%）	0.5	1.0	2.6	1.5

（引自杨茁萌，2010）

4.2.2　干燥方法

刈割后的苜蓿含水量为70%～80%，干燥贮藏的要求是使其含水量迅速降至能安全贮藏的水平，即含水量20%以下。苜蓿的干燥方法可分为自然干燥法、人工干燥法和化学干燥法三大类，目前生产中主要采用自然干燥法。

（1）自然干燥法

刈割后在田间晾晒2～6h后集成草条，并定期翻动，保持上下干燥一致。

翻草有利于加快苜蓿的干燥速度，翻动次数越多，苜蓿干燥速度越快，但是苜蓿叶子的损失就越高，一般翻草1～2次为宜。

（2）人工干燥法

人工干燥法是采取加热烘干等人为措施迅速降低苜蓿水分来

调制优质青干草的方法。该方法可有效避免苜蓿营养物质损失，保持较高的营养价值。人工干燥适合于企业化和高档草产品的生产。主要包括常温鼓风干燥法和高温干燥法。

（3）化学干燥法

该方法是利用干燥剂改变苜蓿角质层结构或溶解角质层，促进水分的散失，缩短了田间干燥的时间，降低营养物质的损失，进而提高苜蓿干草品质和经济效益。常用的干燥剂有碱金属的碳酸盐和其与脂类的混合液，如碳酸钾、碳酸钾+长链脂肪酸的混合液、长链脂肪酸甲基脂的乳化液+碳酸钾等。

4.2.3 干草捆的加工与贮存

干草捆是指将调制好的青干草，用打捆机打成较大容重的草捆。

常用设备有搂草机、捡拾打捆机、高密度打捆机和二次打捆机。

干草捆制作过程：将调制好的青干草搂成草条，然后用捡拾打捆机将草条自动捡拾打捆，根据打捆机的种类和规格不同，压制成长方形草捆和圆柱形草捆。捡拾打捆时防止将土块、杂草等杂物打进草捆里。

（1）方形草捆

根据产草量高低、地块面积大小、用途等因素将干草制成密度160～300kg/m³大小不等的草捆。方形草捆是河北省苜蓿草主要产品形式之一，饲喂方便，投资较小，适于长途运输。

（2）圆柱形草捆

密度一般为110～250kg/m³，这种捡拾打捆机能调节草捆密度，水分较高时打捆可疏松些，水分较低时密度可大些，但不适宜远距离运输。

如需要长途运输，为了降低运输成本，还要对草捆进行二次打捆。形成高密度紧实草捆，二次打捆密度可达到320~380kg/m³或更高；二次加压成高密度草捆，即使日晒风吹，捆内仍可保持鲜绿，有利于防止发霉变质（图4-3）。

图4-3　二次打捆（郭郁频　摄）

苜蓿干草捆贮存时建议使用草棚，可有效减少养分损失（图4-4）。

图4-4　干草棚（郭郁频　摄）

4.3　苜蓿拉伸膜裹包青贮

4.3.1　工艺流程及机械

配套的苜蓿青贮设施设备主要有捡拾切碎机、运输车、裹包机、380V高压电力设施及辅助设备。工艺流程见图4-5。

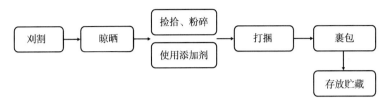

图4-5 苜蓿裹包青贮工艺流程

4.3.2 操作要点

一是，经晾晒含水量降至45%～55%，在田间直接捡拾、粉碎、打捆、裹包。或将捡拾、粉碎后的苜蓿原料拉运到裹包加工场地，再进行打捆、裹包（图4-6、图4-7）。

二是，添加剂在捡拾切碎时添加，也可在打捆时添加。

三是，拉伸膜裹包层数8～10层，拉伸膜必须层层重叠50%以上。

四是，当天粉碎、当天打包，防止鲜草过夜。

五是，拉运到裹包地点的原料及时裹包完毕，存放时间不超过1h。

六是，裹包机械和裹包场地每天清理。裹包后拉运到集中存放点（图4-8、图4-9）。

图4-6 捡拾切碎（郭郁频 摄）

图4-7 拉伸膜裹包（郭郁频 摄）

图4-8 搬运（李源 摄）

图4-9 存放（李源 摄）

七是，存贮场地要干净平整，最好是水泥地面。单层或码垛2层堆放。露天堆放时，夏季遮盖一层避光塑料布，尽量避免裹包长期风吹日晒，寒冬季节应用棉毡或苇帘覆盖。要定期检查裹包有无破损、漏气、漏水等现象，发现问题立即补救和清理。

4.4 塑料袋青贮（袋贮）

工艺流程如图4-10所示。

图4-10 塑料袋青贮制作流程

苜蓿草晾晒到半干时，用捡拾切碎联合作业机进行切碎并运送到固定地点，用专用的灌装机装袋，密封存放（图4-11）。

图4-11 大型袋装青贮（郭郁频 摄）

4.5　窖贮

青贮窖有地下式、地上式、半地下式青贮窖，建议使用地上式青贮窖。按照窖的形状，可分为长方形和圆形两种，目前以长方形青贮窖为主。

青贮窖的大小，可根据青贮窖体积、青贮数量、青贮设施容积估算出。

圆形青贮窖体积=3.14×半径^2×深度；

长方形青贮窖体积=长×宽×深，长度根据需要而定。

青贮设施容积=青贮数量/单位体积的青贮量（kg/m^3）=家畜数量×饲喂天数×每天的饲喂量/单位体积的青贮量（kg/m^3）。

4.5.1　工艺流程

如图4-12所示。

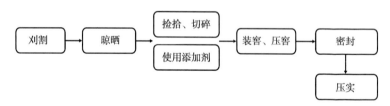

图4-12　窖贮工艺流程

4.5.2　技术要点

（1）装窖

原料含水量晾晒到60%~65%时，捡拾、切碎、运输到青贮地点，将原料倾倒在青贮窖内，用铲车或青贮专用机械，将原料逐层向窖头推开，与窖底形成呈30°夹角的斜面。

（2）使用添加剂

在捡拾、切碎的同时，使用机载喷洒设备进行添加剂喷洒，这样喷洒更均匀，效果更好。

（3）压窖

压实采用坡面压实方式，坡面最佳角度为30°（图4-13）。

从第一车原料进窖就开始推料、压实，由下向上推料，每层厚度15cm，推料的同时对原料进行压实。

机械要匀速行走，速度不超过5km/h。

窖壁压实采用"U"形压窖法，即推料时向前侧方推进，使窖面呈"U"形。压实密度在550～650kg/m³。

如果青贮窖为小型地上式方形窖，可采用平铺装窖法，层层压实，尤其要注意四周边角要压实压紧，可采用人工辅助方法进行压实。

图4-13　装窖与坡面压窖（引自倪苗，2018）

（4）密封与镇压

①压实完成后，原料高出窖口50cm成屋脊形状时开始密封。

②用双层膜覆盖封窖，下层用透明膜、上层用黑白膜，黑面朝下，白面朝上，并用轮胎、沙袋等重物镇压。薄膜要垂到四周地面50cm以上，以利于压封。轮胎至少每平方米1个（图4-14）。

③青贮窖长度过长时，可装好一段封一段。小窖则可全段填装。装窖时间要求小型窖当天装填完毕，大型窖1～3d装填完毕。

图4-14　密封与镇压（郭郁频　摄）

4.6　苜蓿青贮原料品质控制技术

4.6.1　苜蓿干物质含量控制

常规青贮干物质控制在35%～40%。判断方法：两手用力握拧苜蓿，手指缝露出水珠而不往下滴，这时含水量为60%～65%，干物率可达35%～40%。

半干青贮干物质控制在45%～55%。判断方法：苜蓿草晾晒至叶片卷成筒状，叶柄易折断，压迫茎秆能挤出水分，茎表面可用指甲刮下，这时的干物质约为50%。

有条件的最好配备水分检测仪。

组织生产过程中要按照气候情况合理安排好机械生产间隔时间，预防因抢时间而忽视干物质含量的控制。

4.6.2　收获环节控制

刈割时间依天气预报3～5d无降雨开始刈割，杂草数量不超过5%。要确保进入裹包青贮或压窖的苜蓿鲜草颜色鲜绿或翠绿。晾晒时间长短以控制至适宜干物质含量为准，各地可根据日照、通风等天气因素掌握好晾晒时间。收割时确保植株不带露水，搂草时要控制灰分，建议使用指轮式搂草机，搂净率高，污染少。捡拾切碎长度4～6cm。切碎的苜蓿原料运输距离尽量控制在20km以内，路途时间尽可能短，以保证产品品质。

4.6.3 添加剂

添加剂包括菌剂与辅料。菌剂应严格使用苜蓿专用青贮菌剂，按照不同菌剂的使用说明严格操作。辅料主要有糖蜜类、淀粉类和禾本科牧草类。菌剂与糖蜜类辅料混合活化程序要完整充分，添加时要注意保持喷头通畅并均匀可控。

参考文献

卜筱，李霞，白晓燕，等. 2011. 苜蓿的价值及其在反刍动物中的应用[J]. 畜牧与饲料科学，32（4）：60-61.

曹丽霞，赵存虎，孔庆全，等. 2006. 紫花苜蓿根腐病病原及防治研究进展[J]. 北方农业学报（3）：36-37，51.

董志国，邓林涛，安尼瓦尔. 2005. 优质苜蓿干草加工调制技术[J]. 中国草食动物，25（3）：53-55.

段珍，李晓康，李霞，等. 2018. 苜蓿青贮与苜蓿干草的营养价值比较[J]. 中国奶牛（5）：16-19.

高树，陈家发，徐天海，等. 2018. 裹包苜蓿青贮制作要点及推广研究[J]. 中国奶牛（4）：14-16.

洪绂曾. 2009. 苜蓿科学[M]. 北京：中国农业出版社.

黄宁，卢欣石. 2012. 苜蓿叶部与根部病害研究的评价进展[J]. 中国农学通报，28（5）：1-7.

李成林. 2018. 苜蓿的饲用价值及在奶牛养殖中的应用[J]. 现代畜牧科技（6）：50.

李耀发，党志红，安静杰，等. 2018. 河北省主要作物田地下害虫种类及其分布[J]. 中国农学通报，34（28）：114-119.

林建海，许瑞轩，项敏，等. 2013. 春播紫花苜蓿苗期杂草的化学防治研究[J]. 草地学报，21（4）：714-719.

罗兰，袁忠林，孙娟. 2017. 3种杀虫剂对苜蓿蚜虫和蓟马的防效及其在苜蓿中的残留[J]. 草业学报，26（1）：160-167.

南志标，李春杰，王赟文，等. 2001. 苜蓿褐斑病对牧草质量光合速率的影响及田间抗病性[J]. 草业学报，10（1）：26-34.

潘强，潘会平，孙姣，等. 2017. 拉伸膜裹包青贮饲料制作技术研究[J]. 北方牧业（17）：26-27.

孙启忠，王宗礼，徐丽君. 2014. 旱区苜蓿[M]. 北京：科学出版社.

孙文博，李天银. 2017. 紫花苜蓿青贮（堆贮）实践与效果[J]. 中国农业信息（11）：53-57.

陶志杰，花蕾，贾志宽，等. 2005. 苜蓿蓟马的发生规律和药剂防治试验[J]. 干旱地区农业研究，23（4）：212-214.

王佛生. 2013. 陇东黄土高原苜蓿地下害虫发生规律初探[J]. 植物保护，39（6）：124-129.

王坤龙，王千玉，宋彦军，等. 2015. 大规模苜蓿青贮技术研究与应用[J]. 饲料博览（11）：24-27.

王连杰，刘敏英，谷俊平. 2016. 苜蓿青贮生产的注意事项[J]. 北方牧业（3）：23.

许再福. 2009. 普通昆虫学[M]. 北京：科学出版社.

杨苗萌. 2011. 紫花苜蓿营养与质量评价：第四届（2011）中国苜蓿发展大会论文集[C]. 299-305.

张奔，周敏强，王娟，等. 2016. 我国苜蓿害虫种类及研究现状[J]. 草业科学，33（4）：785-812.

张玉琴. 2005. 紫花苜蓿的病虫害综合防治技术[J]. 甘肃农业（3）：84.

张泽华. 2015. 苜蓿害虫及天敌鉴定图册[M]. 北京：中国农业科学技术出版社.

中国农业科学院植物保护研究所，中国植物保护学会. 2015. 中国农作物病虫害[M]. 北京：中国农业出版社.

钟觉民. 1985. 昆虫分类图谱[M]. 南京：江苏科学技术出版社.